Das Glück.

Ein Wort für die ideale Weltanschauung

von

Dr. Theodor Arndt,
Prediger an St. Petri in Berlin.

Berlin.
Druck und Verlag von Georg Reimer.
1893.

Ein Wort für die ideale Weltanschauung, — mehr beansprucht die vorliegende Abhandlung nicht zu sein. Was der Zuhörerkreis des Berliner Unionsvereins am 20. Januar 1893 freundlich aufgenommen hat, sei mit einigen Aenderungen und Zusätzen dem großen Kreise der Denkenden und Suchenden geboten. Wenn das Schriftchen dazu beiträgt, diesem oder jenem Leser die Augen zu öffnen über den Weg, der zu den lichten Höhen des sittlich-religiösen Idealismus führt, in dem noch immer die starken Wurzeln der Kraft unseres deutschen Volkes ruhen, so hat es seine Aufgabe erfüllt.

Berlin, den 15. Februar 1893.

Th. Arndt.

Wir leben im Zeitalter der Fragen. Die Geschichte richtet sich in ihren Perioden nicht nach dem Umlauf der Kalenderjahre. Aber wenn wir mit dem Anfang des nächsten Jahrhunderts einen neuen Abschnitt der Weltgeschichte erwarten, so können wir wol schon heute sagen, daß uns das 19. Jahrhundert trotz aller Errungenschaften eine Reihe ungelöster Fragen als Erbe hinterlassen wird. Auf allen Gebieten wogen und gären die Meinungen durcheinander. Nichts bezeichnet das Ende des Jahrhunderts, oder um das französische Schlagwort zu gebrauchen, le fin de siècle, treffender, als das Bild eines trüben Chaos, aus dem nur wenige Lichtpunkte hervorleuchten. Das politische, wirtschaftliche und sociale Leben stellt uns täglich neue Probleme. Und wie sehr die sittlichen und religiösen Fragen die Gemüter beschäftigen, davon sind wir selbst seit einigen Jahren Zeugen. Man lauscht begierig auf ein lösendes Wort. Wer nur irgendwie sich gebärdet, eine Antwort auf eine brennende Frage gefunden zu haben, darf auf einen großen Kreis aufmerksamer Hörer und Leser rechnen. Wenn der Satz richtig ist, daß der Mensch von dem, was er am wenigsten besitzt, am liebsten hört und spricht, so kann man nach dem Geräusch, mit dem gewisse Fragen in der Gegenwart behandelt werden, urteilen, was unser Geschlecht am wenigsten sein eigen nennt. Von der Freiheit wird dann am meisten gesprochen, wenn man sie am schmerzlichsten vermißt, von der Wahrheit, wenn bei allgemeiner Zweifelsucht niemand mehr weiß, was Wahrheit ist, und vom Glauben haben wir in den letzten Monaten vielleicht nur deshalb soviel Worte machen hören, weil unserem Geschlechte und nicht am wenigsten jener Partei, die am lautesten über den Glauben streitet, der wahre Glaube abhanden gekommen ist.

In die Fülle der Probleme unserer Zeit greife ich durch die Wahl meines Themas „das Glück" hinein, nicht willkürlich etwa nach dem Worte Goethe's:

„Greift nur hinein ins volle Menschenleben,
Und wo ihr's packt, da ist's interessant",

sondern in der Meinung durch diese Wahl ein Centrum getroffen zu haben, nach dem unendlich mannigfaltige Bewegungen zulaufen. Ich möchte zugleich in der vorliegenden Abhandlung einen Satz rechtfertigen, den ich an anderer Stelle in meiner Schrift über „die Religion der Socialdemokratie" nur streifen konnte [1]), nämlich den Satz, daß das System der Socialdemokratie schon aus dem einfachen Grunde unser Volk nicht befriedigen werde, weil es das Problem des menschlichen Glückes nicht zu lösen vermag. Aber es liegt mir fern, die Frage nach dem menschlichen Glücke lediglich unter dem socialen Gesichtswinkel zu betrachten. Wer mit mir als beste Errungenschaft des zu Ende gehenden Jahrhunderts die Erkenntnis der gebieterischen Notwendigkeit frischen, tatkräftigen Handelns preist, wird kein Freund endloser Erörterungen sein und beim Anblick der Hochflut socialer Schriften seufzend ausrufen: „Sociale Frage und kein Ende!" Noch weniger maße ich mir an, eine Lösung vom Probleme des Glücks geben zu können, die mit einem Schlage alle Fragen nach dem menschlichen Glücke beantwortet. Nur ein Doppeltes ist meine Aufgabe, das Problem des Glückes in seinen vielfachen Beziehungen zu unseren Lebensverhältnissen und in seiner Schwierigkeit zu beleuchten, und meine Leser selbst, wenn sie es so wollen, ein wenig zum Nachdenken über diese Frage aller Fragen anzuregen. Denn das empfinden wir alle: Wenn das Glück in Frage steht, so handelt es sich nicht um eine Sache, an der wir gleichgültig vorübergehen könnten — so handelt es sich um unsere, um deine Sache, res tua agitur, wie ein lateinisches Sprichwort sagt. Ich will versuchen,

1. das Problem des Glückes selbst klarzustellen,

2. die Wege zu beschreiben, auf denen man seine Lösung versucht hat, und

3. anzudeuten, auf welchem Wege wir als evangelische Christen die Lösung finden werden.

I.

Das Problem des Glückes.

Ich beginne mit einem Satze, dessen Wahrheit so alltäglich und so einleuchtend ist, daß ich um Entschuldigung bitten muß, wenn ich ihn erst noch ausspreche: So verschieden auch die Naturen der Menschen sind, in einem

Punkte treffen sie doch alle zusammen, in dem Verlangen nach Glück. Kein Alter, kein Geschlecht, kein Stand, keine Zeit ist ausgenommen. Die Phantasie des Jünglings ist mit freundlichen Bildern lachenden Glückes erfüllt, der Mann muß nicht nur, er will auch „hinaus ins feindliche Leben will wetten und wagen, das Glück zu erjage“. Und die züchtige Hausfrau, die da „schaffet weise im häuslichen Kreise“, hofft eben durch stilles Walten im Hause ihr Glüd zu finden. Der Handwerker, der in täglicher harter Arbeit steht, sieht sehnsüchtig nach dem Glücke, der Verbesserung seines Loses, aus, und der Gelehrte, der in seiner Studirstube über ein Rätsel der Wissenschaft sinnt, wartet mit heißer Begier auf den glücklichen Augenblick, wo er sein Heureka, ich hab's gefunden, ausrufen kann. „Arbeit ist des Bürgers Zierde, aber der Segen, das Glück ist seiner Mühe Preis“. Der Fürst auf dem Throne sucht sein Glück in der Lösung politischer Aufgaben. Der Mann, der am Markte des Lebens steht, mitten im Sturm und Drang, will den Wettbewerber überflügeln, ein erträumtes Glück, Gewinn und Ehren, die diese Welt austeilt, hält ihn aufrecht im atemlosen Laufe. Der Mönch in der Klosterzelle hat auf irdisches Glück verzichtet, aber er findet doch sein Glück im stillen, beschaulichen Leben, im Beten und Fasten, — der Erde entrückt, erwartet er vom Himmel, was ein Leben voll Enttäuschungen ihm versagte. „Betet für mich Armen; ich war ein Mensch!“ so lautete der letzte Wille des Einsiedlers Paulus in Ebers' Romane Homo sum, — ja, der Einsiedler war ein Mensch geblieben, trotzdem er die Menschen geflohen hatte, die Ruhe der Wüste war sein Glück, aber auch ein Glück, das ihn täuschte, denn der Rachedurst des beleidigten Herzens forderte auch dann noch seine Befriedigung. Ans Glück glaubte der Heide. Ein launisches Wesen! so erschien ihm die Göttin des Glückes. Was gab er nicht hin, um das Glück zu erkaufen? Was opferte er nicht, um dem Neide der Götter zu entfliehen? Das Glück kennt der Bewohner uncivilisirter Länder in allen Zonen. Und wer will es denn leugnen, daß gerade unter den gebildetsten Völkern das Begehren nach Glück am heftigsten sich regt? Fast scheint es, als ob wir mit der wachsenden Erkenntnis der Natur und ihrer Kräfte, des menschlichen Herzens und seiner Triebe, des Lebens und seiner Freuden und Genüsse auch immer höhere und größere Ansprüche ans Glück stellten.

Aber was ist denn das Glück? Ist es ein Luftgebilde, das unsere Sinne nur täuscht? Ist es ein unberechenbares Etwas, das sich unserer Macht gänzlich entzieht? Ist es ein Ding außer uns, das wir ehen und greifen können? Ist es ein Zustand unseres Innern, den wir zu jeder Stunde, wenn wir nur wollen, hervorzaubern können? So einig die Menschen im Suchen des Glückes sind, so verschieden sind sie in ihren Meinungen vom Glück. Wäre es daher nicht das Beste, das Thema vom Glücke als ein unfruchtbares beiseite zu legen? „Glück ist etwas durchaus Persönliches, Relatives, — ein absolutes Glück gibt es nicht.“ Das wäre dann die einzige Antwort. Ich könnte sie auch geben und damit meine Abhandlung schließen. Das würde ich tun, wenn ich bei meinen Lesern jenen Zweifel an allen allgemeingültigen Wahrheiten voraussetzen dürfte, aus dem diese Antwort hervorgegangen ist, und wenn ich selbst diesem Zweifel mich unterwerfen wollte. Ich antworte jetzt schon: Es gibt ein Glück, — das Glück ist etwas Wirkliches, jeder kann es haben, wenn er es nur haben will. Der Pessimismus, jene Anschauung, die diese Welt für die schlechteste aller möglichen Welten hält, hat das Wort Glück in seinem Wörterbuche gestrichen, und der nüchterne Realismus, der die Köpfe und Herzen am Ende des 19. Jahrhunderts regiert, hat nur ein naturwissenschaftliches Interesse an dem, was Hans oder Kunz für sein Glück hält.

Aber verständigen wir uns nur erst selbst über das Wort Glück. Es ergeht ihm, wie vielen anderen Wörtern unseres Sprachschatzes. Es hat allmählich seine sinnliche Bedeutung eingebüßt und ist eine Bezeichnung für einen Zustand des inneren Lebens geworden. Wir unterscheiden in unserem Sprachgebrauche kaum noch Glück und Glückseligkeit. Unsere Vorfahren gebrauchten das Wort Glück als einen Sammelnamen für eine Fülle von Schicksalsverknüpfungen oder- verflechtungen. Glück ist von luc mit der Vorsilbe Ge- gebildet, wie Geduld von dulden, Geräusch von rauschen. Das Wort „Luck" kommt noch in Bayern als Bezeichnung für Verschluß oder Deckel vor, und im Englischen finden wir das altdeutsche einfache Wort luck im Sinne von Zufall, Glück. Unsere heidnischen Väter hatten wol von der Schicksalsverknüpfung eine ähnliche Vorstellung wie die Griechen von der Arbeit ihrer Parzen. Darum duldeten schon die ersten christlichen Missionare nicht mehr den Gebrauch des Wortes Glück, und erst im spätern Mittelalter taucht es wieder auf als allgemeiner Name für Schicksal.[2]) Man sprach vom guten und bösen Glück. Und der Wunsch: „Gut Glück auf den Weg" war keine überflüssige Häufung der Worte. Allmählich aber dachte man nur noch an das gute Glück. Glück ward gleichbedeutend mit Heil und Segen. Der Vater in Schiller's Lied von der Glocke „überzählet erst sein blühend Glück" und blickt dann hinein in „die Speicher, vom Segen gebogen". Heute nennen wir den einen glücklichen Menschen, dem viel Segen, viel Gutes zugefallen ist. Prüfen wir aber näher unsere Reden vom Glück, so finden wir, daß wir unter dem äußeren Glück die günstigen Umstände, die das Handeln des Menschen begleiten, den günstigen Erfolg, mit dem sein Werk gekrönt ist, verstehen, aber doch nur insoweit, als wir diese Umstände und diesen Erfolg als etwas ansehen, was nicht in der Macht des Menschen stand, was vielmehr ein günstiges Geschick ihm zuwandte.

Das Problem des Glückes würde sich also auf die Frage zuspitzen: Gibt es ein Glück d. h. eine Macht oder einen Factor, der außer unserer menschlichen Berechnung und Herrschaft steht, und von dem doch das Gelingen unserer Pläne und die Erfüllung unserer Wünsche abhängt? Die Vermutung liegt nahe, als ob ich die schwierige Frage nach dem Verhältnis der menschlichen Freiheit, sagen wir einmal ganz allgemein, zu den Dingen außer uns aufwerfen möchte. Aber das wäre eine Frage für sich, umfangreich genug, um in mehr als einem Aufsatze behandelt zu werden. Ueber dem Problem der menschlichen Freiheit hat sich schon mancher Philosoph den Kopf zerbrochen. Der einfache gesunde Menschenverstand, der mit dem Glauben an eine göttliche Weltregierung sich eint, erblickt in allen unseren Handlungen und Erlebnissen eine Mischung des Menschlichen und Göttlichen. Zur freien Entschließung des menschlichen Willens kommt die göttliche Leitung hinzu, doch so, daß wir uns der sittlichen Verantwortung für unser Tun und Treiben stets bewußt sind. Die Frage nach dem Verhältnis der menschlichen Freiheit zur Außenwelt oder zur göttlichen Allmacht scheiden wir daher aus. Umso näher liegt für uns die andere Frage: „Gibt es Zufall? Ist jeder seines Glückes Schmied? oder ist das Glück wirklich nur die launische Göttin, die ohne Wahl ihre Gaben verteilt?“

Vor wenigen Wochen schied einer der Großen unseres Jahrhunderts aus unserer Mitte, Werner von Siemens. Er war der Sohn eines mecklenburgischen Bauern, wer hätte ihm an der Wiege prophezeit, daß er einst ein Bahnbrecher unserer modernen Industrie, reich an Ehren und allen Glücksgütern sein werde? Die einen urteilen: „Sein Genie hat ihn vorwärts gebracht, und das Genie, gepart mit Eifer, Fleiß und Sparsamkeit, findet noch immer seinen Weg.“ Andere sagen: „Werner Siemens hat nur Glück gehabt, es gibt viele scharfsinnige Erfinder, wie er es war, aber das war sein Glück, daß er tüchtige Mitarbeiter fand, daß er mehrere gleichbegabte und gleichstrebende Brüder besaß, daß ein günstiger Zufall ihn nach Rußland führte, wo er den Grund seines Weltruhmes und seines Vermögens legte.“ Wer so spricht, übersieht, daß sich gleich günstige Umstände gar vielen bieten, daß aber nicht jeder sie in gleichem Maße zu benutzen versteht. Immerhin verdient die Frage unsere volle Beachtung: „Welchen Anteil hat der Zufall, haben äußere günstige Umstände an der Gestaltung des menschlichen Lebens?“

Doch in demselben Augenblicke, wo wir diese Frage

aussprechen, kommt uns der Gedanke, daß ein Leben, wenn es auch noch so reich an Glanz und Ehren gewesen ist, doch darum noch kein glückliches gewesen zu sein braucht. Nur eine ganz oberflächliche Betrachtung beurteilt das menschliche Glück nach dem äußeren Scheine. Von der naiven Meinung, daß jeder, der in einer prächtigen Villa wohnt, auf Gummirädern fährt, die auserlesensten Speisen in jeder Jahreszeit genießen kann, mit den höchsten Titeln und einem Himmel von Ordenssternen geschmückt ist, im Schos des Glückes sitzt, sind wir doch so weit schon zurückgekommen, daß wir unter Glück noch etwas ganz anderes verstehen, als die Fülle äußerer Güter. Wenn wir von Glück sprechen, so meinen wir gewiß in neun unter zehn Fällen das innere, das wahre Glück. Der Lateiner unterschied jenes, das äußere Glück, von diesem, dem inneren Glücke, durch ganz verschiedene Wörter. Jenes war ihm als Glücksgöttin die Fortuna, als Erlebnis des Menschen eine Summe günstiger Umstände, dieses war ihm ein Zustand des Herzens, die Beseligung, die vita beata. Wir müssen zu Umschreibungen greifen, wenn wir den Unterschied klarstellen wollen. Wir sprechen von Wolbefinden, von innerer Befriedigung, denn das ist das Glück, nach dem wir alle trachten. Nicht nur, wer ein edles Streben hat, auch der Ehrgeizige, der Habsüchtige und Genußsüchtige sehnt sich nach der Zeit, wo er ausrufen kann: Jetzt sind alle meine Wünsche erfüllt, jetzt bin ich zufrieden. Das äußere Glück ist nur das Mittel oder der Weg zum inneren Glücke. Und unsere Frage lautet nunmehr: I n w i e w e i t h ä n g t d a s i n n e r e G l ü c k, d i e B e f r i e d i g u n g d e s m e n s c h l i c h e n H e r z e n s, v o n d e r ä u ß e r e n L e b e n s l a g e a b?

Das ist denn auch die Frage, die stets im Mittelpunkte alles Nachdenkens über das Glück gestanden hat. Der Philosoph des Altertums erwählte sich zum Thema seiner Speculationen die Kunst, glücklich zu leben. Der reiche Jüngling im Evangelium fragte den Herrn: „Was muß ich tun, um selig zu werden?" Denn auch wer auf eine Seligkeit im Jenseits hofft, wünscht doch schon im Diesseits durch die sichere Erwartung dieser künftigen Seligkeit glücklich, im Herzen befriedigt zu sein. Vom glücklichen Leben haben die Kirchenväter gehandelt. Augustin widmete ihm eine besondere Schrift: de vita beata. Glückseligkeit war das Problem der Mönche wie der Reformatoren. Dieselbe Frage lesen wir fast aus allen Zeilen unserer classischen Dichtungen heraus. Im Faust will Goethe eine Antwort auf die Frage nach dem menschlichen Glück erteilen. Die Romantik versetzte den andächtigen Leser in eine Welt der Phantasien und Träume, wo er sein wahres Glück finden sollte. Unsere moderne Philosophie, soweit sie noch diesen Namen verdient, hat nichts eifriger untersucht, als die Zusammenhänge des seelischen Lebens mit den äußeren Dingen.

Die Naturwissenschaft, die wir gern als eine rein objective Forschung bezeichnen, verfolgt doch auch practische Ziele, sie stellt die Naturkräfte in den Dienst des Menschen zur Verbesserung seines Daseins, seiner äußeren Lebensbedingungen. Die Volkswirtschaft spricht vom Volkswole, von der Gesundheit der Völker und Staaten. Die Erziehungskunst und -wissenschaft hat ein ideales Ziel sich erwählt, die Ausbildung aller geistigen und körperlichen Kräfte der Jugend, aber ihr eigentliches Ziel, wenn auch unausgesprochen, ist doch das Glück, das Wolsein der künftigen Generation. Kein Wunsch der Eltern ist begreiflicher, als der, daß es ihren Kindern einmal besser ergehe als ihnen, daß sie mehr Glück haben möchten, als sie genossen haben.

So greift die Frage des Glückes in alle menschlichen Verhältnisse und Lebensbeziehungen ein. Sie ist nicht nur eine Frage der Philosophie, der Sittenlehre oder Religion, sie ist nicht nur der Vorwurf für ein reizendes Spiel dichterischer Phantasie, sondern auch ein Problem der Politik, der Volkswirtschaft, der Erziehung, der Kunst, der Naturwissenschaft, — kurz ein Brennpunkt, in dem sich fast alle Stralen unseres geistigen und öffentlichen Lebens treffen.

II.
Lösungsversuche.

Ist das Problem des Glückes ein so vielseitiges, so dürfen wir uns auch über die unendlich verschiedenen Versuche, es zu lösen, nicht wundern. Es ist beinahe unmöglich, einen Ariadnefaden zu finden, der uns durch das Labyrinth von Vorschlägen und Wegen zum Glück hindurchführt, die uns von allen Seiten empfohlen werden. Ich würde die Geduld und Aufmerksamkeit der Leser misbrauchen, wenn ich alle diese Versuche aufzählen wollte. Aber es sei mir gestattet, wenigstens ihre Mehrzahl in zwei Klassen einzureihen.

Man hat entweder auf dem Wege der Naturwissenschaft im weitesten Sinne des Wortes oder auf dem Wege der philosophischen Speculation die Frage nach dem menschlichen Glücke zu beantworten versucht. In unseren Tagen ist der naturwissenschaftliche Weg der beliebtere. Die Naturlehre vom Menschen, die Anthropologie und Physiologie, gilt mehr als die Philosophie. Und nehmen wir zur Naturwissenschaft die Mathematik hinzu, so könnten wir vielleicht, wenn wir uns nicht schon entschlossen hätten, vom Glückszufall zu schweigen, hierher auch die Künste zählen, mit welchen routinirte Glücksspieler in Oesterreich die Gewinnzahlen des Lottospieles oder in Monaco die Glücksnummern im Roulettespiel berechnen. Aber wir haben uns ja auf die Frage beschränkt: In welchem Umfange hängt das innere Glück des Menschen von seinem äußeren Glück, von günstigen Lebensverhältnissen und Lebensumständen ab?

Ist diese Frage für uns ein Problem, — für die kühnste Partei der Gegenwart ist sie es nicht mehr. Die Socialdemokratie hat diesen gordischen Knoten einfach mit dem Schwerte ihrer materialistischen Weltanschauung durchhauen. Der Mensch ist, was er ißt, — folglich hängt lediglich vom äußeren Glück das innere, vom Sinnengenusse die Befriedigung des Herzens ab. Der Mensch ist ein Naturwesen, sein geistiges, sein inneres Leben ist ein Product seines sinnlichen Daseins. Karl Marx hatte als consequenter Materialist die Abhängigkeit der menschlichen Gesellschaft in allen ihren Verhältnissen von ihrem volkswirtschaftlichen Unterbau behauptet und gelehrt, daß von der Productionsweise der gesamte politische, geistige und sociale Lebensproceß eines Volkes bedingt sei. Wird demnach für alle Glieder der Gesellschaft ein gleicher Anteil am Glück gefordert, so ist es nur nötig, die äußere Lebenslage für alle gleichmäßig zu gestalten. Nur die Arbeit schafft Werte. Darum gleiche Arbeit, gleichen Anteil am Arbeitsertrage und somit auch gleiches Glück für alle! Das ist die Losung der Socialdemokratie.

Echt patriarchalisch war der Wunsch König Heinrichs IV. von Frankreich, daß jeder Bauer Sonntags sein Huhn im Topfe haben sollte. Das schien ihm eine Grundbedingung des Volkswols zu sein. Die Socialdemokratie haßt das patriarchale System, sie will in feste Formen bringen, was wolwollende Fürsorge in freiem Schalten erstrebt. Daher ist die militärisch organisirte Arbeitspflicht und der polizeilich geregelte Lebensgenuß ihr Ideal. In allen Utopien, die auf den Bahnen der Socialdemokratie wandeln, spukt dasselbe Ideal. Nicht corrigiren will die Socialdemokratie das Glück, sondern schablonisiren. Und wer ihr etwa vorwerfen würde, daß sie den Menschen im Zukunftsstaate nur auf die niedrigen, sinnlichen Lebensgenüsse beschränken wolle, dem antwortet sie sofort, daß auch die ästhetischen Genüsse allen gleichmäßig unter ihrem Regimente zugänglich sein werden. Aber sie bedenkt nicht, daß sie das Glück aufhebt in derselben Stunde, wo sie allen ein gleiches Glück verschafft.

Denn worauf beruht die Empfindung des Glückes? Wie wirkt die äußere Lebenslage auf das innere Leben des Menschen ein? Die Antwort liegt nahe genug. Als Glück betrachten die Menschen nicht einen beharrlichen Zustand. Immer Rebhuhn zu essen, hat noch niemand gefallen. Und nichts ist bekanntlich schwerer zu ertragen, als eine Reihe glücklicher Tage. Die Langeweile ist der schlimmste Feind des Glückes. Jetzt bildet einen beständigen Reiz für den überzeugten Socialdemokraten der scheelsüchtige Blick auf das scheinbar glückliche Leben der bevorzugten Kapitalistenklasse. Im Zukunftsstaate hört der Neid auf, aber auch der Wechsel in der eigenen Lebenslage, wenn es etwa möglich wäre, die socialistischen Forderungen zu verwirklichen. Nur die Veränderung, eine Verschlimmerung oder Verbesserung, wird empfunden.

Diese Erkenntnis hat die Anthropologen und Physiologen veranlaßt, der Natur der Glücksempfindung einmal auf den Grund zu gehen. Es ist nicht ohne Interesse, ihren Untersuchungen zu folgen, aber wir schmeicheln uns nicht mit der Hoffnung, daß durch sie der Neid aus der Welt geschafft werde, denn sowenig der Socialdemokrat durch die Religion sich auf den Himmel vertrösten läßt, sowenig wird er sich durch graue Theorien zufriedenstellen lassen, wo er täglich mit wachsender Bitterkeit den Unterschied zwischen seiner und des Reichen Lage empfindet.

Der Historiker des Materialismus Friedrich Albert Lange hat in seinem immer noch wertvollen Buche „Die Arbeiterfrage" die naturwissenschaftlichen Lösungen des Glücksproblems näher beleuchtet [3]). Er will einmal alle Vorschläge zur wahren Befriedigung des Glücksbedürfnisses, wie sie von einem höheren idealen Standpunkte aus gemacht sind, beiseite lassen, nicht ausführen, was sein sollte, sondern einfach beschreiben, was ist, wie in Wirklichkeit die äußere Lebenslage auf den Durchschnittsmenschen wirkt und dabei die marktgängige Lehre untersuchen, daß ein jeder in seiner Lage sich am glücklichsten fühle und nur eine Verbesserung oder Verschlimmerung derselben empfinde. Ich folge

Lange's Darstellung und berücksichtige besonders die von ihm angezogenen Schriften, die ich selbst nachsehen konnte.

Zuerst hat der Mathematiker Daniel Bernoulli die menschliche Glücksempfindung auf eine mathematische Formel gebracht[4]). Er gab im Jahre 1738 in den gesammelten Schriften der Petersburger Academie der Wissenschaften eine Abhandlung heraus, die den lateinischen Titel führt: specimen theoriae novae de mensura sortis, zu Deutsch: Abhandlung über eine neue Theorie der Messung des Glückszufalles. Bernoulli geht aus von dem Satze, daß die Hoffnung oder Wahrscheinlichkeit mathematisch durch einen Bruch dargestellt werden könne, dessen Zähler die Zahl der günstigen Fälle und dessen Nenner die Gesamtzahl aller Fälle angebe. Wolle man den Wert eines gehofften Gewinnes berechnen, so müsse man den wirklichen Wert mit diesem Bruche multipliciren. Er beweist sodann, was wir alle als selbstverständlich zugeben, daß der Wert, den eine bestimmte Sache für uns hat, also der persönliche, relative Wert nicht dem absoluten Werte dieser Sache gleich ist. Etwas anderes ist es allerdings, ob ein Reicher oder ein Armer unerwartet 20 Mark gewinnt. Für den Armen kann diese Summe einen sehr hohen Wert haben, für den Reichen wird sie geringfügig sein. Wie läßt sich nun der relative Wert eines Gewinnes berechnen? Ist dies möglich, so läßt sich auch eine allgemeine Formel für die Empfindung des Glückes aufstellen. Bernoulli wendet das Gesetz von der mathematischen Hoffnung an und lehrt, man dividire den absoluten Wert eines Gewinnes durch das Vermögen des glücklichen Gewinners. Der persönliche Wert eines Gewinnes von 20 M. für einen Armen, der nur 5 M. besitzt, läßt sich also durch das Exempel $\frac{20}{5} = 4$ berechnen. Für einen Reichen aber, der 10000 M. schon besitzt, bedeutet der Zuwachs von 20 M. nur $\frac{20}{10000}$ oder verkürzt $\frac{1}{500}$. Mithin hat jener Arme, der dieselbe Summe gewann, relativ betrachtet 2000 mal mehr als der Reiche gewonnen. Daraus folgt, daß der Arme sich schon mit einem kleinen Glücksvorteile zufrieden geben kann, denn er hat mindestens ebensoviel, vielleicht sogar mehr gewonnen, als der Reiche, dem nach absoluter Zählung vielleicht das 100 oder 1000fache zugefallen ist.

Bernoulli's Schrift mit ihren gewaltigen Zahlenreihen sieht furchtbar gelehrt aus und doch ist seine Erfindung imgrunde sehr einfach, denn wir erleben es täglich, um einmal vom Gegenteil auszugehen, daß ein armes Kind auf der Straße weint, wenn es 10 Pfennige verloren hat, daß aber der reiche Börsianer ruhig und gleichmütig in seiner Equipage nach Hause fährt, auch wenn er in einer einzigen Börsenstunde 20000 oder 50000 Mark verloren hat. Aber das Exempel Bernoulli's stimmt doch nur, wenn alle gewinnen, der Reiche und der Arme. Mancher Socialdemokrat von heute hört auf zu grollen, wenn er durch wesentliche Erhöhung seines Einkommens in eine günstigere Lebenslage versetzt ist. Bleibt aber seine Situation eine beständig gedrückte oder verschlimmert sie sich, so wächst auch sein Neid, seine Unzufriedenheit.

Allein die Lorbeeren Bernoulli's haben unsere Physiologen nicht schlafen lassen. Der französische Astronom und Physiker

Laplace vereinfachte die Rechnung des Mathematikers, um, wie er sich ausdrückt, die Abhängigkeit der fortune morale von der fortune physique zahlenmäßig zu bestimmen.

Trotz des besten Willens, die Geduld des Lesers nicht zu misbrauchen, muß ich nun doch eine trockene Zahlentheorie anführen. Was ein Logarithmus ist, lernt schon der Secundaner. Die Zahl 100 läßt sich rechnerisch durch 10×10 ausdrücken, die Zahl 1000 durch $10 \times 10 \times 10$, im ersten Falle muß man die Zahl 10 zweimal schreiben und durch das Multiplicationszeichen verbinden, im letzten Falle dagegen dreimal. Man nennt nun die Zahl 2 den Logarithmus von 100, die Zahl 3 den Logarithmus von 1000. Der Logarithmus ist diejenige Zahl, welche die Potenz angibt, zu welcher die Zahl 10 (Grundzahl) erhoben werden muß, um eine bestimmte Zahl als Product zu gewinnen

Laplace bewies den Satz, daß der persönliche Wert eines Gewinnes nicht im Verhältnis zum absoluten Werte wächst, sondern im Verhältnis der Logarithmen der absoluten Werte. Mit anderen Worten: wer 100 M. besitzt und 1000 M. gewinnt, hat genau dieselbe Glücksempfindung, wie der Besitzer von 1000 M., der 10000 M. gewinnt, denn der Logarithmus von 100 ist 2, der Logarithmus von 1000 ist 3, der Logarithmus von 10000 ist 4, aber der Unterschied, und nur dieser wird doch empfunden, zwischen 2 und 3 ist genau so groß, als der Unterschied zwischen 3 und 4, nämlich $= 1$.

Die Theorie des Franzosen Laplace haben die Deutschen Ernst Heinrich Weber, der berühmte Leipziger Anatom und Physiolog, und der Philosoph und Physiker G. Th. Fechner weiter ausgebaut. Der Physiolog wandte das Gesetz von den Logarithmen auf die Sinnesempfindungen an, Fechner übertrug es auf das Gemütsleben, nannte dies „psycho-physische" Grundgesetz aber zu Ehren seines Begründers in Deutschland das Weber'sche Gesetz und hat es in die Worte gekleidet: „Die Empfindung ist gleich dem Logarithmus des Reizes, $y = \log x$." Die Richtigkeit dieses Gesetzes inbezug auf die Sinnesempfindungen können wir oft beobachten. Wir empfinden an sehr kalten Wintertagen nicht die absolute Zahl der Kältegrade, sondern nur ihre Zunahme, fühlen uns bei 5° Kälte verhältnismäßig wol, die doch im Herbst oder Frühling bei plötzlichem Temperaturwechsel uns recht unangenehm sein würden, und klagen nur dann über Kälte, wenn das Thermometer in raschem Wechsel auf 15° oder 20° fällt. Aber ob sich auch unser Gemütsleben auf dieselbe Formel bringen läßt $y = \log x$, die Empfindung ist gleich dem Logarithmus des Reizes, der sie hervorruft, möchten wir denn doch bezweifeln. Wie will man überhaupt seelische Vorgänge in mathematische Formeln auflösen? Der Mensch und sein Charakter ist keine Schablone. Unendlich viele Factoren sprechen bei der Gestaltung seines inneren Lebens mit. Auch ein verhältnismäßig großes Unglück wird ein starker Charakter, ein mutiges Herz ganz anders tragen als ein zartbesaitetes Gemüt. Schon der alte Horaz hätte Fechner in seiner Psychophysik, wie sein Hauptwerk heißt[5]), corrigiren können, denn er besingt in einer Ode den mutigen Helden, den auch der Weltuntergang nicht außer Fassung bringen kann[6]). Und daß einen tief unglücklichen Menschen auch ein überaus großes Glück nicht sofort in eine fröhliche Stimmung versetzen kann, erleben wir täglich. Bei allem Wechsel des menschlichen Geschickes müssen wir doch auch mit der Abstumpfung oder Empfindungslosigkeit des Herzens rechnen, die durch lang andauerndes Elend oder überreizten Lebensgenuß herbeigeführt sein kann[7]).

Die Naturwissenschaft macht Bankerott, wenn sie auch das Gemütsleben unter ihr Mikroskop legen und in ihre Formeln bannen will.

Wir wenden uns an die philosophische Speculation. Ist sie glücklicher? Kann sie uns das Problem des menschlichen Glückes lösen? Von der modernen Philosophie hören wir bald eine fertige Antwort. Die Jünger des practischen Materialismus finden sich heute im Gefolge der Socialdemokratie zusammen. Bei ihnen brauchen wir uns nicht mehr zu erkundigen, wir wissen, worin sie das Glück des Menschen suchen. Schließlich kann auch der Materialismus kaum noch den Anspruch auf den Namen eines philosophischen Systems erheben, da er das Subject und Object der Philosophie, den Geist und das Denken leugnet.

Aber wie steht es mit unserer neuesten Philosophie, dem Pessimismus, der uns von dem reichen Erbe einer glänzenden Blütezeit deutscher Speculation anscheinend allein übrig geblieben ist? Der Pessimismus gibt den Einfluß der äußeren Lebenslage auf die innere Stimmung des Menschen zu, behauptet also die Abhängigkeit des inneren Glücks vom äußeren. Aber er hat erkannt, daß dieser Einfluß lediglich ein verstimmender ist: nicht Lust, sondern nur Unlust, Leiden und Ueberdruß kann er erzeugen. Das ganze Leben ist eine ununterbrochene Kette von Leiden und

Enttäuschungen, es ist selbst das höchste Uebel, sein Resultat ist „die negative Lustbilance". Man sollte daher nicht mehr von einer „Glückseligkeits-", sondern nur noch von einer „Unglückseligkeitslehre" sprechen. Glück, Erlösung können wir nur durch Verzichten, Entsagen, durch „Abtöten des Willens zum Leben" erlangen. Unser Heil ist der Untergang im Nichts, im Nirvana, wie der weise Religionsstifter Indiens es schon gelehrt hat. So begegnet sich die Weltschmerzphilosophie eines Schopenhauer und Eduard von Hartmann mit dem Buddhismus, der in neuerer Zeit auch in den übersättigten und überreizten Kreisen der christlichen Culturvölker Europas neue Bekenner zu gewinnen sucht. Es ist dabei nur auffällig, daß der Pessimismus in der Praxis zu manchen Zugeständnissen sich bequemt. Der indische Büßer läßt es sich doch noch etwas kosten, um durch wirkliche Abtötung des Willens, durch selbsterwählte Leiden die Befriedigung seines Innern, die Seligkeit zu erkaufen. Aber der Pessimist Europas weiß sich doch meist auf eine sehr glückliche Manier mit seinem nie gänzlich unterdrückten Verlangen nach einem bestimmten Maß des Lebensgenusses abzufinden.[8]) Schopenhauer hatte sich für den täglichen Gebrauch eine einfache, practische Glückseligkeitstheorie zurechtgelegt, die dem reichen Privatmann und Junggesellen in der freien Reichsstadt Frankfurt a./M. eine behagliche Existenz ermöglichte. Die Philosophen des Weltschmerzes in unseren Tagen können doch auch „lachende" Philosophen sein. Sie fügen sich der practischen Lebensregel, die nicht zu viel Ansprüche ans Glück erhebt, aber doch ein bescheidenes Durchschnittsmaß äußeren Glückes als genügend zum Wolbefinden erachtet, und die Goethe in seinem „Schatzgräber“ auf die Formel gebracht hat:

„Tages Arbeit, Abends Gäste,
Saure Wochen, frohe Feste.“

Da haben wir denn doch vor der antiken Philosophie einen ganz anderen Respect. Man hat viel über die Stoiker und Epicuräer gespottet. Beide haben die Abhängigkeit der Glückseligkeit von der äußeren Lebenslage geleugnet. Der Stoiker meinte, von Leiden unberührt, durch diese Welt gehen zu können. Die Apathie, die Leidenslosigkeit, war sein Grundsatz gegenüber dem Unglück. Nur die Dinge, die in seiner Gewalt stehen, soll nach der Meinung des Stoikers der Mensch begehren. In unserer Gewalt aber steht unser Wille, das vernunftgemäße Handeln, die Unterwerfung unter die allgemeinen Gesetze des Weltlaufs, — alle anderen Dinge, alle äußeren Güter sind gleichgültig und berühren den Menschen nicht. Das vernunftgemäße Handeln ist Tugend. Die Tugend ist daher das höchste Gut, der Selbstzweck des menschlichen Lebens. Aber Tugend ist Wissen, — folglich ist der Philosoph, der Weise, allein imstande, ein glückliches Leben zu führen, er ist schlechthin glückselig und steht selbst hinter den Göttern nicht zurück. Freilich hat „der sittliche Idealismus der Stoiker durch die Rücksicht auf das practische Bedürfnis manche Milderung erfahren“. Das Idealbild des vollkommenen Weisen, des vollkommen Glücklichen existirt in der Wirklichkeit nicht. Als äußerste Maßregel, wenn das trügerische Leben den Besitz der höchsten Glückseligkeit, die Ausübung der Tugend, hinderte, wurde der Selbstmord empfohlen. Aber immerhin imponirt uns die sittliche Größe der Stoiker, und wir müssen anerkennen, daß sie „beim Verfall der alten Nationalreligionen den Besten und Gebildetsten einen Ersatz, ihrem Glaubensbedürfnisse eine Befriedigung, ihrem sittlichen Leben eine Stütze geboten haben".[9]) Wir bewundern die Kraft des antiken Geistes, daß er aus sich heraus in „einer sittlich verweichlichten und politisch gedrückten Zeit" den Weg zu einer ungestörten inneren Befriedigung gesucht hat, die in „der Unabhängigkeit des sittlichen Willens" von allem Aeußeren besteht. Und daß im römischen Reiche zur Zeit des tiefsten Sittenverfalls die stoische Philosophie noch Männer, wie Seneca, den Minister Nero's, wie Mark Aurel, den Philosophen auf dem Kaiserthrone, und seinen Lehrer, den freigelassenen Sklaven Epictet, bilden konnte, wird „ihr stets zum unvergänglichen Ruhme gereichen".[10])

Die vielgelästerten Epicuräer sahen zwar die Tugend nur als Mittel der Glückseligkeit an und erklärten die Lust als das höchste Gut des Menschen. Aber ihr Lebensziel war doch nicht die gemeine Sinnenlust des Materialismus, sondern das stets fröhliche Herz. Kein geringerer als Immanuel Kant hat sich zum Verteidiger Epicurs aufgeworfen, er sagt von ihm, daß „Epicur in seinen practischen Vorschriften nicht so niedrig gesinnt war, als man aus den Principien seiner Theorie, die er zum Erklären, nicht zum Handeln brauchte, schließen möchte"; auch er rechnete „die uneigennützigste Ausübung des Guten mit zu den Genußarten der innigsten Freude[11])". Das Leid konnte den Epicuräer nicht erschüttern. Die Ataraxie, vollendete Gemütsruhe, war die Regel seines practischen Verhaltens in allen Lebenslagen. Der ungestörte, heitere Lebensgenuß, der allezeit fröhliche Sinn der Epicuräer entlockt doch auch dem strengen Richter ihrer Moral einen Ton der Bewunderung.

Die antike Philosophie stellte den Menschen rein auf sich selbst, das war ihr Irrtum. Ein stolzes Sichselbstgenügen ist aber nicht der Quell unserer Glückseligkeit und endigt notwendig im Fatalismus, der denn auch den Stoikern sowol als den Epicuräern nicht fern gelegen hat.

Die christliche Philosophie der älteren Zeit hat das Glück des Menschen in die Erkenntnis und Nachahmung Gottes verlegt. „Wer Gott besitzt, ist glückselig.“ [12]) Darin liegt kein anderer Gedanke verborgen, als der, daß wir allein durch Ausbildung des edlen Kerns, der im Menschenherzen ruht, wahres Glück erlangen werden. Aber Wortschatz und Methode der Kirchenväter lehnt sich an die antike heidnische Philosophie an, als Weg zum Glücke wird auch in ihren Systemen noch eine Theorie, ein Erkennen empfohlen. Und erst der Meister unserer neuen deutschen Philosophie Kant, der Kritiker der reinen Vernunft, hat gezeigt, wie die unerbittliche Logik nimmer den Gegensatz zwischen innerem und äußerem Glücke überbrücken wird und kann, wie ganz andere Mächte auftreten müssen, wenn wir zum wahren Glücke emporsteigen wollen [13]).

An herber Strenge und unbeugsamem Ernste in der Betonung des Sittengesetzes gibt Kant den Stoikern nichts nach. Aber er ist durch die Schule des christlichen Geistes hindurch gegangen und stellt daher die unbedingte Heiligkeit des Sittengebotes in den Mittelpunkt seiner practischen Philosophie. Nicht das Streben nach Glück, sondern allein die Achtung vor dem Sittengesetze soll unser Handeln bestimmen. Meinung und Pflicht wirken gegeneinander. Die Pflicht muß siegen, so will es der kategorische Imperativ. Nicht in der Sinnenwelt, sondern in einer intelligiblen, übersinnlichen Welt, also erst im Jenseits erwartet Kant die Harmonie zwischen Tugend und Glückseligkeit, das vollkommene höchste Gut. Tugend und Glückseligkeit sind zwei specifisch ganz verschiedene Elemente des höchsten Gutes, und ihre Verbindung kann nicht analytisch, auf dem Wege des reinen Denkens, erkannt werden. Es gehörte sein ganzer Idealismus, seine gesunde Auffassung vom religiösen und sittlichen Leben dazu, daß Kant von diesen Voraussetzungen aus nicht auch schon dem Pessimismus verfiel, sondern zu jener hoffnungsfreudigen Erwartung einer künftigen Harmonie zwischen Tugend und Glück, zu dem grundlegenden „Postulat der practischen Vernunst", sich erhob.

Die Härte des kategorischen Imperativs, „der starre Moralismus" stieß bei Schiller, einem der aufrichtigsten Bewunderer Kant's, auf Widerspruch. Neigung und Pflicht sollten sich nach des Dichters Meinung nicht bekämpfen, daher ist sein Lebensideal, das Glück, das er als höchstes preist, die sittliche und ästhetische Ausbildung des menschlichen Herzens und Geistes zugleich, nicht das Sittengesetz allein, sondern auch die Grazien sollen den Menschen durchs Leben geleiten. Daß aber auch der ästhetische Lebensgenuß keine volle Befriedigung gewährt, zeigt doch gerade das „große Vorbild aller ästhetischen Genießer", Goethe, der am Abend seines Lebens ausrief: „Imgrunde ist mein Leben nichts als Mühe und Arbeit gewesen; ich kann wol sagen, daß ich in meinen fünfundsiebenzig Jahren keine vier Wochen eigentliches Behagen gehabt. Es war das ewige Wälzen eines Steins, der immer von neuem gehoben sein wollte"[14]).

Vanitas vanitatum! O Eitelkeit der Eitelkeiten! Soll wirklich der Verzicht auf wahres Lebensglück, der Pessimismus der Weisheit letzter Schluß sein? Das Herz nicht nur, auch der denkende Geist sträubt sich gegen diese Zumutung. Die Wahrheit kann auch nicht in der Mitte liegen; die goldene Mittelstraße, die der Durchschnittsmensch erwählt, kann nicht eine Lösung des Glücksproblems sein. Es muß dem strebenden Geiste, dem verlangenden Herzen eine Antwort erteilt werden, die ihm den Weg zum wahren Glücke zeigt, die den Menschen lehrt, wie er auch seine äußere Lebenslage dem Frieden seines Herzens dienstbar machen, mit einem Worte, wie er sein Glück schon im irdischen Leben finden kann.

III.
Unser Glück.

Der Pessimismus wird seine Gemeinde auf die Dauer nicht zusammenhalten können. Noch weniger der Materialismus. Die Philosophie, der die Zukunft gehört, ist der Idealismus, zwar nicht eine Philosophie, die sich mit verschwommenen Traumbildern zu schaffen macht, sondern eine Philosophie, die den gesunden Kern des Realismus sich gerettet hat und mit ihren zwei Füßen auf dem Erdboden, mitten im practischen Leben steht. Aber man wird mir vielleicht erwidern: „Wozu braucht unser Volk überhaupt eine Philosophie? Die ist doch nur für wenige bevorzugte Köpfe geeignet." Allein der echte Philosoph soll sich nicht vornehm vom Volke abschließen, sondern vielmehr das lautere Gold seiner Weltanschauung in Münzen umprägen und diese in Umlauf setzen. Das kann unser Volk billig von seinen führenden Geistern verlangen. Und wie die Resultate der modernen Naturwissenschaft bald genug in kleinen und kleinsten Münzen unter das Volk gebracht und jetzt schon abgegriffene Münzen geworden sind, so wird auch die ideale Weltanschauung imstande sein, ihre Sätze zum Gemeingut zu machen, denn unser Volk, man mag sagen, was man will, „hat doch seine Idealisten lieb".

Wir sehen schon einzelne Stralen der Morgenröte einer neuen Zeit. Eine dankbare Gemeinde finden die Propheten der idealen Weltanschauung, die auf tiefere Erfassung der Religion und größeren Ernst in der sittlichen Lebenshaltung dringen. Einen geistvollen, mutigen Verteidiger fand der Glaube an die sittliche Weltordnung bereits vor sechszehn Jahren in dem Münchener Philosophen Moriz Carriere, dessen Richtung treffend als Realidealismus bezeichnet werden kann. Den Naturalisten, Materialisten, den Skeptikern und Pessimisten und wie sie alle heißen, die ihre Sache „auf nichts" gestellt haben, hat Carriere mit beredten Worten, in glühender Begeisterung ein Lebensideal gezeigt, das uns zwar nicht neu ist, denn wir kennen es, seitdem der eigentliche Begründer der idealen Weltanschauung Jesus Christus auf Erden gewandelt ist, das aber unserem Geschlechte abhanden gekommen war. „Glück ist Friede der Seele, alles, was ihn fördert, ist ein Gut. Das Gute besteht aber in der Liebe, die zugleich ihre Beseligung in sich trägt." Der

Selbstgenügsamkeit des griechischen Weisen, die doch kein wahres Glück zeitigen konnte, hat das Christentum die Liebe gegenübergestellt. „Jesus brachte die indische und griechische Lebensidee in Einklang; sein Wort war statt Weltentsagung Weltüberwindung, Gestaltung der Welt zum Reiche des lebendigen Gottes, der die Liebe ist.“ [15])

Die Schriften des Engländers Henry Drummond finden in unseren Tagen eine beinahe noch nicht dagewesene Verbreitung. Hunderttausende von Exemplaren sollen jenseits und diesseits des Kanals abgesetzt sein. Woher diese auffällige Erscheinung? Weil es Drummond verstanden hat, das Evangelium, das christliche Lebensideal in die Form von wissenschaftlichen, namentlich naturwissenschaftlichen Lehrsätzen zu bringen. Er stellt die christlichen Ideen in den großen Zusammenhang des modernen Geisteslebens und versteht es, sie immer wieder von neuen Seiten zu beleuchten. „Den Zusammenhang zwischen den großen Worten der Religion und dem täglichen Leben“ möchte er wiederherstellen. Freilich sind seine Sätze oft nur ein geistvolles Spiel mit Worten. Er überträgt fast ohne Wahl die Gesetze der Physiologie und Biologie auf das religiöse Leben. Nicht der Analogie will er sich bedienen, sondern die Identität zwischen dem Reiche der Natur und des Geistes setzt er voraus. So kommt es, daß er die Beweiskraft des Gleichnisses überspannt. Aber wir bewundern doch den glühenden Idealismus des englischen Naturforschers, seine lebensfrische, von keinem Dogmatismus angekränkelte religiöse Ueberzeugung und seine tiefgehende, von echtem Glauben geleitete Bibelauslegung. „Das Beste im Leben“ ist die Liebe, die nicht das Ihre sucht, sondern das, was des andern ist. „Das Schönste im Leben" ist das Wachsen des inwendigen Menschen nach dem Vorbilde dessen, in dem sich alle Ideale vereinigen, nach dem Vorbilde Jesu Christi, der erhabensten sittlichen Größe auch nach dem Urteil der Gegner unseres christlichen Glaubens, die jemals auf Erden erschienen ist. Wer am Reiche Gottes mitarbeitet, erfüllt „das Programm des Christentums". Der Hauptzweck des Christentums ist es nicht, (erst) glücklich zu machen, sondern es läuft ganz und gar und unfehlbar auf dieses Ergebnis hinaus. Das Glück ist nichts Willkürliches, es unterliegt nicht dem Zufall, sondern einem bestimmten Gesetze; wir müssen die Bedingungen beobachten, die zu ihm hinführen. Nur in der Gemeinschaft mit Christus und in der Arbeit für andere finden wir das Glück. „Pax vobiscum!" Den Frieden gewinnen wir allein, wenn wir zu dem kommen, der die Mühseligen und Beladenen erquicken kann. Wie aber das Wachsen unseres inneren Menschen ein spontanes und geheimnisvolles zugleich ist, das zeigt Drummond in glanzvoller Darstellung, die seine Virtuosität in der Uebertragung von „Naturgesetzen auf die Geisteswelt" im vollsten Lichte offenbart.[16])

Der englische Vertreter der idealen Weltanschauung mag in seinen Ausführungen manches bringen, was einem deutschen Leser fremdartig klingt, oder noch öfters manches verschweigen, was wir gern von einem Führer zu den Höhen eines reinen Idealismus hören möchten. Wir sind daher erfreut, einen Wegweiser zum richtigen Pfade des Lebensglückes in einer kerndeutschen Schrift zu besitzen, die erst vor wenigen Monaten erschienen ist und die niemand ungelesen lassen sollte, der mit sich selbst zur Klarheit über die wichtigsten Fragen des Lebens kommen will. Es ist die Schrift des Berner Professors Hilty, „Glück" betitelt[17]). Wer diese Schrift bereits kennt, wird im Laufe meiner Abhandlung schon mehrmals an sie erinnert worden sein. Sie enthält mehr, als der Titel verspricht, eine Fülle practischer Lebensweisheit, eine volkstümliche Sittenlehre, eine allgemein verständliche Bibelauslegung. Wie ein erfrischendes Bad wirkt die Lectüre eines solchen Buches nach all dem Wust, den unsere moderne pessimistisch, materialistisch angehauchte Literatur täglich hervorwälzt. Hier quillt Leben, frisches, reines, gesundes Leben, ungebeugter Lebensmut, feurige Tatkraft, nicht stumpfe Resignation, nicht eitler, selbstgefälliger Weltschmerz. Da spricht ein echt deutscher Mann zu uns aus reicher Lebenserfahrung. Er ist jeder Systematik abhold. Er wandelt nicht in den ausgefahrenen Geleisen einer Schule. Er ist in seiner Weltanschauung ein selbstgemachter Mann. Er hat sich hindurchgerungen und hindurchgekämpft zur Klarheit, zur Ruhe des Herzens nicht in einem Traumbild des Glückes, nicht in einer Illusion, sondern in der höchsten Realität, in Gott.

Hilty hat seinen Idealismus aus der Philosophie der Stoiker, Dante's göttlicher Komödie, namentlich aber aus der Bibel geschöpft. Von den Stoikern hat er eine hohe Meinung, ihre Philosophie liefert neben dem Christentum die einzige Methode der Selbsterziehung. „Der Stoicismus ist ein Product ähnlicher Zeiten, wie sie gegenwärtig vorhanden sind, hervorgegangen aus notgedrungenem Nachdenken über Quelle und Möglichkeit eines Glückes für dieses Leben und für alle." Er war wirklich imstande, „ausgeprägte, in sich gefestigte Persönlichkeiten zu erziehen, die in allen Lebenslagen über die Wechselfälle ihres Geschickes erhaben sind". Solche Männer sind der Kaiser Mark Aurel und der Sklave Epictet. Namentlich auf Epictet's Leben und Meinungen geht Hilty ausführlich ein; dessen „Handbuch", eine Sammlung von Aphorismen voller Lebensweisheit, erscheint ihm wert, in Uebersetzung und mit Erklärungen einem weiteren Leserkreise bekannt gemacht zu werden. Glücklich ist nach Epictet's Meinung nur der Mensch, der sich mit seinem Begehren und Meiden nur auf solche Dinge einrichtet, die in seiner Macht sind. Hilty eignet sich diesen Satz an, erkennt aber ganz richtig die Schwäche der stoischen Philosophie darin, daß sie nur das individuelle Bedürfnis berücksichtigt, aber um die Gemeinschaft sich nicht kümmert. Wahrhaft glücklich ist auch nach Hilty's Ansicht doch nur, wer für die Gemeinschaft lebt und für das Gemeinwol wirkt. In diesem Sinne schließt er sich dem schönen Worte Richard Rothe's an, daß wir dann glücklich sind, wenn wir „keine Privatangelegenheiten" mehr haben.

Mit Dante's göttlicher Komödie hat sich Hilty durchaus vertraut gemacht; sie ist ihm ein Lebensbuch geworden. Steil ist der Pfad, der zum Berge der Läuterung emporführt, und das letzte Stück dieses Weges überwinden wir doch nicht durch eigene Kraft, sondern durch die Gnade von obenher. Dante ist im Mittelalter als Prophet des reinen Idealismus aufgestanden, er kann auch unserem 19. Jahrhundert noch ein Führer zu einer klar geordneten Weltanschauung werden.

Die Bibel war Hilty in der Jugend durch verkehrten

Religionsunterricht verleidet worden. Erst im späteren Mannesalter ist er wieder an sie herangetreten, wie an ein neues, völlig unbekanntes Buch. Er ist ohne „Bädeker“ d. h. ohne theologischen Commentar zu den lichten Alpenhöhen der christlichen Philosophie, des Evangeliums emporgestiegen. Es ist überraschend, über welche Bibelkenntnis er verfügt, wie geistvoll er einzelne Sprüche auslegt, — ganz neue Gedanken findet er, neue Tiefen erschließt er. Er ist Lehrer des Staatsrechts, — ich glaube aber, daß er in der practischen Bibelauslegung es mit manchem Theologen aufnehmen kann. Was uns außerordentlich sympathisch berührt, das ist seine selbständige Bibelforschung und am Schlusse doch seine volle Uebereinstimmung mit den Grundsätzen unserer freigerichteten, wissenschaftlichen evangelischen Theologie.

Wo ruht das Heil der Zukunft? Wie kann unser Volk wieder eine tiefre Einsicht in sein Lebensglück gewinnen? Es ist ein köstlich Ding, daß das Herz fest werde, so antwortet Hilty, nämlich fest im Glauben an die sittliche Weltordnung, fest in der Ueberzeugung, daß nicht der Zufall, sondern das Sittengesetz die Welt regiert. Um diesen Glauben zu gewinnen, bedarf es einer Tat, denn nur wer umkehrt, wer seinen Sinn ändert und den Willen Gottes tut, wird erkennen, ob das Evangelium Jesu Christi, dem wir unsere Kenntnis der sittlichen Weltordnung verdanken, Wahrheit ist. Auf Joh. 7, 17: „So jemand will des Willen tun, der wird inne werden, ob meine Lehre von Gott sei oder ob ich von mir selbst rede“, kommt Hilty immer wieder zurück. Das Zweite aber, was zum Lebensglück gehört, ist die vernünftige, zweckmäßige Arbeit, die sich in den Dienst einer großen Sache stellt. Ohne Arbeit kein Lebensglück. Das Lob der Arbeit singt Hilty in allen Tonarten. Die Socialdemokraten, die sich selbstmörderisch durch die Reduction der täglichen Arbeit auf drei Stunden um ihr Lebensglück bringen wollen, versteht er nicht. Endlich darf ein Drittes zum Lebensglück nicht fehlen. Es ist die Tapferkeit, der Mut im Leiden, dem auch aus Unglück und Miserfolg noch ein Quell des Glückes fließt. Die Bibel nennt uns drei köstliche Dinge, das feste Herz, den dankbaren Sinn und die Geduld. Zeigt sich der dankbare Sinn in treuer Arbeit und die Geduld im Leidensmut, so trifft also Hilty's Anweisung zum glücklichen Leben mit der Bibel völlig zusammen [18]).

Aber es ist Zeit, daß ich nunmehr selbst eine runde, klare Antwort auf die Frage gebe: „Hängt das innere, das wahre Glück des Menschen von seinem äußeren Glücke ab oder nicht?" Unsere Antwort lautet: Nein, ein reines, unbedingtes Nein! Weder der Materialismus noch der Pessimismus, weder die Physiologie noch die Philosophie können uns die Kanäle im seelischen Leben nachweisen, durch die der Einfluß äußerer Lebensumstände auf die Gestaltung unseres inwendigen Menschen hindurchströmt. Das Gegenteil ist richtig. Das äußere Leben wird durch das innere gestaltet, nicht der Stoff beherrscht den Geist, sondern der Geist beherrscht den Stoff. Die Sonne, die in unserem Herzen scheint, der Friede der Seele, durchleuchtet auch unser ganzes äußeres Leben. Nicht der Sinnengenuß schafft Lebensfreude, sondern erst das beglückte Gemüt, das ruhige Herz bewirkt reine Freuden. Das ist so sehr richtig, daß bis jetzt noch niemand an der Wahrheit des Wortes Christi gezweifelt hat: „Was hülfe es dem Menschen, so er die ganze Welt gewänne und nähme doch Schaden an seiner Seele?" Auch für Berge Goldes kann keiner den Frieden des Herzens erkaufen. Auch in überschäumender Lust, im höchsten Sinnengenuß dürstet die Seele nach ihrem Glück, das diese Welt ihr nicht zu bieten vermag. Und in der schlimmsten Not bricht doch das selige Herz nicht zusammen, das sein Glück gefunden hat. Unser höchstes Gut ist der Friede des Herzens, die Reinheit der Seele. Darin ruht der persönliche Wert des Menschen. Die äußere Lebenslage macht dabei keinen Unterschied, weder der Reichste noch der Mächtigste kann ein höheres Glück erlangen, als das innere Glück, ein Glück, das auch dem ärmsten und geringsten Arbeiter erschlossen ist.

Wie erheben wir uns zur Höhe dieser idealen Lebensanschauung? Drückt uns die rauhe Wirklichkeit nicht immer wieder nieder? Oeffnet nicht schon der Pessimismus seine Arme, um die Lebensmüden an sich zu ziehen? Es gibt nur ein Mittel, das Glück der Seele zu gewinnen. Das ist das Mittel des Evangeliums, dasselbe Mittel, das uns Hilty in so begeisterten Worten empfiehlt. Es ist der Glaube. Aber nicht der Glaube, den wir auf der Schulbank lernen oder aus Büchern schöpfen. Auch die geistvollsten Schriften, auch die Werke Drummond's und Hilty's können uns nicht den Glauben schenken, den wir brauchen. Unser Glaube muß eine Tat, eine entschiedene Richtung des Willens auf das Göttliche sein. Solchen Glauben gewinnen wir allein durch die Lebenserfahrung, durch viele heiße Kämpfe, durch manche schwere Opfer. Er ist durch und durch persönlich. Wir glauben nicht nur an die sittliche Weltordnung, wie es Hilty fordert, wir glauben an Gott selbst, ihm geben wir unser Herz und unsern Willen hin. Je teurer wir unsern Glauben erkauft haben, umso wertvoller ist er uns. Er ist unser Kleinod, unser Panier, wir folgen seiner Fahne im Glück und Unglück. Er macht uns zu Königen und Herrschern über unsere äußeren Lebensumstände, denn er ist der Sieg, der die Welt überwindet, im Glück bewahrt er uns vor Uebermut, im Unglück läßt er uns nicht verzagen, denn er schafft uns da schon Freudenernten, wo andere erst noch mit Thränen säen.

Das andere Mittel aber, das zur Glückseligkeit führt, ist kein anderes, sondern im Glauben bereits enthalten. Der Glaube muß tätig sein, Früchte schaffen in treuer Lebensarbeit, sonst wäre er kein Glaube, kein Quell des Glückes. Aber welches ist die rechte, die beste Lebensarbeit? Hilty fordert, daß wir unsere Kräfte in den Dienst einer großen Sache, einer erhabenen Idee stellen. Er hat Recht: viele Menschen machen sich unnütze zwecklose Arbeit, sie vergeuden Zeit und Kraft, ohne zur wahren Befriedigung zu gelangen. Ihnen gilt die Bußpredigt: Kehret um und arbeitet für eine große Sache, die einen Wert für das Menschengeschlecht hat! Aber klingt es nicht wie eine bittere Ironie, wenn wir dem armen, gedrückten Fabrikarbeiter zurufen: „Du kannst glücklich werden, wenn du deine Kraft in den Dienst einer großen Idee stellst"? Welches ist denn diese große Idee, für die er arbeiten soll? Ist Hilty's Anweisung zum glücklichen Leben nicht nur für die großen Geister, für die bevorzugten Glieder der menschlichen Gesellschaft berechnet, die an den höchsten Aufgaben unseres Geschlechts mitarbeiten dürfen und können? Auch hier bedarf Hilty's Vorschlag der Ergänzung. Die große Sache, für die wir alle arbeiten sollen, und für die alle, Vornehme und Geringe, Reiche und Arme, der Minister und der Fabrikarbeiter auch arbeiten können, ist nicht ein unbekanntes Ideal, sie ist uns im Evangelium genannt, sie ist das Reich Gottes, das Reich unseres Erlösers, das Reich der Liebe. Für das Reich Gottes arbeitet nicht nur der Gelehrte und Philosoph, nicht allein der König und Staatsmann, fürs Reich Gottes arbeitet auch der Handwerker in seiner Werkstatt, der Bergmann in tiefem Schacht, aber auch die Hausfrau und Mutter daheim. Denn fürs Reich Gottes arbeiten wir nicht hinter den Klostermauern, wie es die Mönche wollten, sondern in jedem rechten irdischen Berufe. So haben es uns die Reformatoren gelehrt. So will es unser Glaube. Jede ehrliche, rechtschaffene Arbeit, auch die kleinste, ist eine Arbeit für das Reich Gottes, denn gerade der Treue im Kleinen hat der Herr des Himmelreichs die höchste Ehre verheißen.

Arbeit ist Glück. Wir arbeiten, ringen und streben, solange uns Gott Kräfte schenkt. Kommen aber Enttäuschungen, wird unsere Lebensarbeit gehemmt, so hält uns nicht allein die Geduld aufrecht, die nach stoischer Art im letzten Aufraffen des Mutes, in erkünstelter Gemütsruhe besteht. Unser Stecken und Stab in den dunklen Tälern des Lebens ist die Liebe zu Gott und das Vertrauen auf seine Liebe. „Wir wissen, daß denen, die Gott lieben, alle Dinge müssen zum Besten dienen.“ Unser Glück ist niemals auf Erden schon ein vollkommenes, es ist ein werdendes. Mußten doch schon die Stoiker zugeben, daß auch der Weise nur ein fortschreitender sei in der Erlangung des höchsten Lebensglückes. „Wir wandeln hier im Glauben und nicht im Schauen", aber „selig sind doch schon die, die reines Herzens sind, denn sie werden Gott schauen".

„Es gibt ein Glück, allein wir kennen's nicht:
Wir kennen's wol und wissen's nicht zu schätzen."

Alle Menschen kennen das Glück, das wahre Glück, den Frieden des Herzens. Ich habe noch keinen Menschen gefunden, der sich, ausgesprochen oder unausgesprochen, nicht nach diesem Glücke sehnte. Aber der Weg zu diesem Glücke? Wie schwer ist er doch zu finden! Ich habe keinen neuen Weg zeigen wollen. Es bleibt bei dem alten Wege, den uns der gezeigt hat, der sich selbst den Weg, die Wahrheit und das Leben nannte. Am Anfange dieses Weges aber steht geschrieben: „Trachtet am ersten nach dem Reiche Gottes und nach seiner Gerechtigkeit, so wird euch solches alles zufallen!" —

Anmerkungen.

[1]) Theodor Arndt, die Religion der Socialdemokratie. Ev.-soc. Zeitfragen II. 6. Leipzig, F. W. Grunow 1892. S. 50.

[2]) Vgl. Moriz Heyne, Deutsches Wörterbuch, Art. Glück.

[3]) F. A. Lange, Die Arbeiterfrage, ihre Bedeutung für Gegenwart und Zukunft. 4. Aufl. Winterthur 1879. In 7 Capiteln: 1. Der Kampf ums Dasein, 2. Der Kampf um die bevorzugte Stellung, 3. Glück und Glückseligkeit, 4. Die Lebenshaltung, 5. Kapital und Arbeit, 6. Eigentum, Erbrecht und Bodenrente, 7. Von der Lösung der Arbeiterfrage, gibt L. ein reiches Material zur Beleuchtung der socialen Frage. Uns interessirt hier besonders das 3. Kapitel. L. selbst findet einen Ausweg aus den verworrenen Verhältnissen unserer heutigen Gesellschaft nur darin, daß die Idee des Schönen, die bei den Griechen im Mittelpunkte des öffentlichen Lebens stand, wieder über die jetzt alles beherrschende Idee des Nutzens gestellt werde. Nach seiner Meinung steht die von Schiller nur auserwählten Geistern vorbehaltene „ästhetische Erlösung" (Erziehung) aller Wahrscheinlichkeit nach mit der Lösung der socialen Frage in einem engeren Zusammenhang, als man auf den ersten Blick glauben möchte (S. 142). — Wir machen noch besonders auf die trefflich von L. gewählten Beispiele aufmerksam, die zumteil an sonst wenig bekannte Vorgänge der schweizerischen Geschichte

sich anlehnen, z. B. die Biographie des Industriellen Matthias Näf.

[4]) Daniel Bernoulli gehört einer berühmten Familie von Mathematikern und Naturforschern an, geb. 1700, Prof. in Petersburg 1725—1733, in Basel 1733—1782.

[5]) G. Th. Fechner, Elemente der Psychophysik. Leipzig 1860. Vgl. bes. den 2. Teil und darin den Anhang: Historisches S. 548 u. ff.

[6]) Od. Lib. III, 3: Si fractus illabatur orbis,
Impavidum ferient ruinae.

[7]) F. A. Lange behandelt in seiner Schrift auch noch die Theorie Piderit's, der in einem Vortrage über die Theorie des Glücks (Leipzig und Heidelberg 1867) den Nachweis anstrebt, daß die Grundlage der ganzen Theorie des Glückes im Gesetz der Contrastwirkungen beruhe, vermöge dessen unsere Nerven für eine bestimmte Erregungsweise umso empfänglicher sind, je mehr sie vorher der entgegengesetzten ausgesetzt waren. Lange macht mit Recht auf die Grenzen dieses physiologischen Gesetzes aufmerksam, das wol von unserem Nervensystem gelte, aber doch nicht auf unser Gemütsleben übertragen werden dürfe. Als Beispiel führt er Fritz Reuter an, der niedergedrückt durch die Leiden seiner 7jährigen Festungshaft, bekanntlich noch lange Zeit trotz des Vollgenusses seiner Freiheit in einem trostlosen Gemütszustande sich befand.

[8]) Vgl. O. Pfleiderer, Religionsphilosophie auf geschichtlicher Grundlage. 2. Aufl. 1. B. S. 577: „Mit größter psychologischer Wahrscheinlichkeit wird zu erwarten sein, daß der Pessimismus bei der Mehrzahl nicht, wie seine Verteidiger wollen, zur Ueberwindung, sondern gerade zur Befriedigung des Eudämonismus, sei es der positiven rücksichtslosen Genußsucht oder doch mindestens des weichlichen die Unlust der Tatkraft scheuenden Quietismus, ausschlagen wird.“ — Die erkenntnistheoretischen Voraussetzungen des Pessimismus konnten im Zusammenhange meiner Abhandlung nicht geprüft werden, ich verweise in dieser Hinsicht auf den Abschnitt des O. Pfleiderer'schen Buches „Die Schopenhauer'sche Religionsphilosophie“, in welchem Abschnitte zugleich die Ethik des Pessimismus scharf kritisirt wird.

Wir stimmen O. Pfleiderer durchaus bei, wenn er urteilt, daß er nie begriff, „wie man dem Pessimismus auch nur soviel Ehre antun mochte, ihn für eine wissenschaftlich discutirbare Theorie zu nehmen und sich mit seinen völlig in der Luft schwebenden Inductionsbeweisen ernsthaft herumzuschlagen". A. a. O. S. 575.

9) Vgl. E. Zeller, Philosophie der Griechen. Teil, 3. 1. Abt. 1. Hälfte. 2. Aufl. S. 289.

10) Vgl. E. Zeller, a. a. O. S. 684. Mark Aurel suchte das Glück 1. in der Zurückziehung des Menschen auf sich selbst, 2. in der Ergebung in den Willen der Gottheit, 3. in der innigsten, schrankenlosesten Menschenliebe.

11) Vgl. Kant, Kritik der pract. Vernunft. Herausg. von Kirchmann, Berlin 1869. S. 139. An dieser Stelle und kurz vorher (S. 134) beurteilt Kant überhaupt den Stoicismus und Epicuräismus vortrefflich. Er bedauert, daß „die Scharfsinnigkeit der alten Philosophen so unglücklich angewandt war, zwischen der Glückseligkeit und Tugend Identität zu ergrübeln".

12) Augustin: beatus esse non potest nisi qui notitiam Dei habeat et imitationem (Pariser Ausg. III, 375); beati erimus deum possidendo (XXX, 517).

13) Kant, Kritik der practischen Vernunft. S. 132 u. ff.

14) Vgl. Schiller's Aufsatz „Ueber Anmut und Würde": „In der Kantischen Moralphilosophie ist die Idee der Pflicht mit einer Härte vorgetragen, die alle Grazien davon zurückschreckt, und einen schwachen Verstand leicht versuchen könnte, auf dem Wege einer finstern und mönchischen Asketik die moralische Vollkommenheit zu suchen." Groß nennt Schiller den tugendhaften Mann,

„Aber nicht erzwingt er das Glück, und was ihm die Charis
Neidisch verweigert, erringt nimmer der strebende Mut."

Daß übrigens Schiller sowol als Goethe den wahrhaft sittlichen Idealismus kannten und in ihm die höchste Befriedigung des menschlichen Herzens suchten, soll von uns am allerwenigsten bestritten werden. Das Glück der „schönen Seele", die göttliche Erhabenheit der „reinen, hohen Seele" (Iphigenie)

und die Beseligung der „tätigen Liebe" (Faust) haben in Goethe ihren Dichter und Propheten gefunden.

[15]) Moriz Carriere, Die sittliche Weltordnung. Leipzig 1877. 2. Aufl. 1891. Vgl. besonders Cap. 6 Das Gute und das Böse.

[16]) Henry Drummond's Schriften sind durch lesbare Uebersetzungen auch einem deutschen Leserkreise zugänglich gemacht (Verlag von Velhagen und Klasing in Leipzig). Auch sein größeres Werk „Das Naturgesetz in der Geisteswelt" liegt jetzt in einer guten deutschen Uebersetzung vor.

[17]) Prof. Dr. C. Hilty, Glück. Leipzig und Frauenfeld 1892.

[18]) Ich muß es mir versagen, längere Auszüge aus Hilty's Buch zu geben. Es verdient, im Zusammenhange gelesen zu werden, wenn es auch aus einzelnen Abhandlungen und Vorträgen, die zu verschiedenen Zeiten verfaßt sind, gesammelt ist. An den häufigen Wiederholungen wird der dankbare Leser keinen Anstoß nehmen. Am meisten empfehle ich außer der oben erwähnten Abhandlung über Epictet die drei Capitel: 1. die Kunst des Arbeitens, 2. die Kunst, Zeit zu haben und 3. das siebente Capitel „Glück". Ueberall imponirt der ruhige Ernst, die klare Entschiedenheit, die auf ein Resultat dringt und der „trostlosen Maxime" Lessing's: es sei besser nach der Wahrheit ewig zu streben, als sie voll zu besitzen, aufs kräftigste entgegentritt. Wenn bei dieser tatkräftig durchgeführten Weltanschauung einzelne Schroffheiten unterlaufen, so wird man sie dem Verfasser wol verzeihen dürfen; so räsonnirt er z. B. mehr als einmal über das nervenkranke Geschlecht in unseren modernen Großstädten, das durch seine Sommerreisen die Schweizer Täler in „Spitäler" verwandelt. —

FSC
www.fsc.org
MIX
Papier | Fördert gute Waldnutzung
FSC® C083411

Kolibri 360 GmbH
Ferdinand-Jühlke-Straße 7
99095 Erfurt, Deutschland
produktsicherheit@kolibri360.de